LA COMPAGNIE

L'ALLIANCE

ET LA

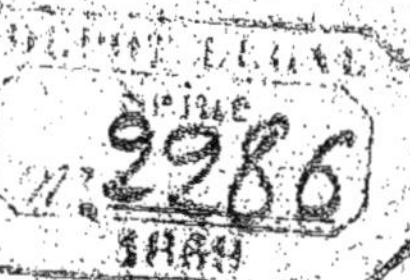

LUMIÈRE ÉLECTRIQUE

PARIS

IMPRIMÉ CHEZ JULES BONAVENTURE

55, QUAI DES GRANDS-AUGUSTINS

1869

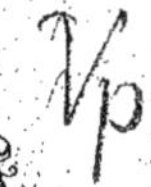

LA COMPAGNIE
L'ALLIANCE

ET

LA LUMIÈRE ÉLECTRIQUE

C.

LA COMPAGNIE

L'ALLIANCE

La lumière électrique est à la fois la plus puissante et la moins coûteuse.

(Paroles de M. Dumas, membre de l'Institut, président du Conseil supérieur de l'instruction publique.)

Siége de la Compagnie, 17, rue Dufrénoy

(Paris-Passy)

DIRECTEUR : M. Auguste BERLIOZ

SOMMAIRE

PREMIÈRE PARTIE

Définition de la machine magnéto-électrique de la compagnie l'ALLIANCE.

Sa perfection.

Ses emplois divers.

DEUXIÈME PARTIE

Applications de la machine magnéto-électrique de la compagnie l'ALLIANCE.

TROISIÈME PARTIE

Brevet d'Amérique.

QUATRIÈME PARTIE

Résumé.

PREMIÈRE PARTIE.

Définition de la machine magnéto-électrique de la compagnie l'Alliance. — Sa perfection. — Ses emplois divers.

« La lumière électrique, dit le savant abbé Moigno, dans son intéressant ouvrage intitulé : *les Éclairages modernes*, qu'il a publié à la fin de 1867, naît entre deux pointes de charbon très-denses, de cornue par exemple, devenues les deux pôles d'une puissante source de courant électrique, d'une pile de Bunsen ou de Grove, ou d'une machine magnéto-électrique. De la lumière électrique en général.

« Elle jouit des mêmes propriétés chimiques que la lumière solaire, elle détermine la combinaison d'un mélange de chlore et d'hydrogène, agit chimiquement sur le chlorure d'argent, et, appliquée à la photographie donne de magnifiques épreuves remarquables par la chaleur des tons. »

Puis s'occupant spécialement de la *Machine magnéto-électrique de la compagnie l'Alliance*, il s'exprime ainsi :

« Cette machine a pour fonction de faire naître, de recueillir et de constituer à l'état de courant sensiblement continu, pour l'appliquer industriellement, l'électricité de l'induction magnétique exercée par les aimants sur les corps conducteurs qui entrent momentanément dans leur sphère d'action. Définition de la machine magnéto-électrique de la compagnie l'ALLIANCE.

« Fondée sur le principe découvert par l'immortel Faraday, elle a son individualité propre, et, tant par les modifications profondes apportées à sa construction primitive que par sa destination à la grande industrie et par les résultats inespérés qu'elle a donnés, elle a pu constituer un titre de possession certaine et légitime.

Perfection de cette machine.

« Conçue par Nollet, professeur de physique à l'École militaire de Bruxelles, et devenue la propriété de la compagnie l'Alliance, elle a été constamment perfectionnée depuis dix ans. Les hommes compétents qui voudront bien l'étudier dans son ensemble, dans ses détails, dans son fonctionnement, reconnaîtront infailliblement qu'elle a atteint un degré de perfection et d'efficacité vraiment extraordinaire, et qu'elle est la solution la plus complète et la plus excellente du problème capital de la production à bon marché de l'électricité ou des courants électriques. »

Opinion de M. de Parville.

M. Henri de Parville se sert à peu près des mêmes expressions quand il dit : « Que la machine de la compagnie l'Alliance est devenue, sous l'habile direction de M. Berlioz, la belle machine magnéto-électrique à laquelle on doit, sans conteste, la solution réellement pratique du difficile problème de l'éclairage électrique.

Opinion de MM. Dumas, Foucault, Jacobi de Saint-Petersbourg et autres.

MM. Dumas et Foucault, M. Jacobi de Saint-Pétersbourg, et beaucoup d'autres savants éminents, en ont fait l'éloge le plus sérieux et le plus grand ; M. Dumas, notamment, en remettant la médaille de grand module à M. Berlioz dans une réunion solennelle de la Société d'encouragement, lui a dit en propres termes : « Nous vous inscrivons parmi nos membres

M. Dumas proclame que la machine magnéto-électrique de l'Alliance fera le tour du monde.

« associés ; votre admirable machine est destinée à faire le tour « du monde, » prédiction que réalise aujourd'hui l'éclairage des navires !...

Consécration de ce succès par l'Exposition universelle de 1867.

L'Exposition universelle de 1867 a confirmé ce succès en prouvant surabondamment qu'aucune autre machine magnéto-électrique ne pouvait être mise en parallèle avec celle de la compagnie l'Alliance.

Après avoir fait la description de cette machine et expliqué comment elle entre en action, l'abbé Moigno ajoute :

Puissance de la lumière électrique produite par la machine de la compagnie l'Alliance.

« Mesurée au photomètre très-souvent et avec la plus grande exactitude, la lumière engendrée par une machine de quatre rouleaux est à son maximum de 150 becs carcel, c'est-à-dire qu'elle est 150 fois plus intense que la lumière d'une lampe carcel brûlant 40 grammes d'huile à l'heure.

Comme d'autre part la lumière d'une semblable lampe carcel est égale à celle de 8 bougies, il en résulte que la lumière électrique entretenue par une machine de quatre disques équivaut à 1240 bougies. Pour obtenir ce maximum d'intensité, il suffit d'une force que l'on peut évaluer au plus à un cheval et demi de vapeur, force qui coûterait tout compris, coke consommé, intérêt du prix d'achat de la machine, frais d'entretien et de main-d'œuvre, 30 centimes par heure. En ajoutant 30 centimes par heure pour l'intérêt et l'entretien de la machine magnéto-électrique, *qui a l'avantage incomparable de ne s'user ni de ne se détériorer jamais*, parce qu'il n'y a point de frottement et que les aimants, dans leur fonctionnement, gagnent plus qu'ils ne perdent, il en résulterait qu'on paierait au plus 60 centimes par heure une lumière de 150 becs carcel. Cette même lumière coûterait avec le gaz d'éclairage vendu au prix de la ville 3 fr. 60; au prix des particuliers, 7 fr. 20; avec l'huile de colza, 7 fr. 50; avec l'électricité née d'une pile de Bunsen, 9 fr. Grâce donc à la compagnie l'ALLIANCE, l'éclairage à la lumière électrique, en même temps qu'il est le plus puissant, est aussi et de beaucoup le plus économique de tous les éclairages. »

Enfin il se résume ainsi :

« Quand on a longtemps suivi, comme nous l'avons fait, la machine de la compagnie l'ALLIANCE, quand on a été témoin de l'approbation sans réserve dont elle a été l'objet de la part d'un très-grand nombre de commissions françaises et étrangères; quand, pendant des semaines et des mois entiers on l'a vue exercer sa puissance magique, on s'étonne qu'elle n'ait pas encore reçu de nombreuses applications. »

La lumière électrique, en effet, convient éminemment :

1° A l'éclairage des entrées des ports et des docks;

2° A l'éclairage des phares, où elle permet de réaliser des économies énormes par la suppression presque entière des appareils optiques qui coûtent si cher;

3° A l'éclairage des paquebots transatlantiques pour donner à la navigation une sécurité incomparablement plus grande, pour inonder les machines de lumière et rendre les réparations possibles ou plus faciles, pour éviter les côtes et prévenir les collisions, pour défendre, en cas d'accident, l'équipage et les passagers du surcroit de danger causé par les ténèbres, etc.;

4° à l'éclairage des navires de guerre.

4° A l'éclairage des navires de guerre pour éclairer à distance et à travers des parois transparentes les soutes aux poudres; pour faire découvrir avec la lunette de nuit qui éclaire et montre l'objet éclairé, les terres proches ou les flottes ennemies; pour éclairer et diriger le tir convergent des canons des frégates cuirassées; pour transmettre dans des conditions toutes nouvelles de portée, de vitesse et de sûreté, les signaux du Code maritime ou des signaux secrets.

5° à l'éclairage des places publiques.

5° A l'éclairage des places publiques, lorsque, comme sur les places du Carrousel et du Louvre, il est défendu d'installer des candélabres à gaz dans leur intérieur; huit machines de quatre disques éclaireraient *à giorno* les trois places de l'intérieur des Tuileries, du Carrousel et du nouveau Louvre; une machine à quatre disques inonderait de lumière et de vie la cour du Louvre, aujourd'hui si sombre et si triste.

6° à l'éclairage des grands travaux de nuit.

6° A l'éclairage des grands travaux que l'urgence force de continuer la nuit.

7° à l'éclairage des usines et des grands ateliers.

7° A l'éclairage des usines et des très-grands ateliers;

8° à l'éclairage des salles de spectacle.

8° A l'éclairage des salles de spectacle dans le système adopté par MM. Chabrié frères, et qui consiste à projeter par réflexion à l'intérieur de la salle l'éclat d'un foyer lumineux très-intense placé à l'extérieur.

9° à l'éclairage des travaux du Génie.

9° Enfin à l'éclairage des travaux du génie, à la production des signaux d'attaque et de défense, et aussi à l'inflammation des mines à grande distance, à 500 mètres par exemple, etc.

Base solide sur laquelle reposent ces emplois.

En affirmant que toutes ces applications sont dès aujourd'hui possibles pratiquement, économiquement, avec un succès certain, nous n'énonçons pas seulement une conviction personnelle, nous sommes en même temps l'écho fidèle d'un très-grand nombre de commissions diverses, de la Société d'encouragement de la ville de Paris, des ministères de la

marine et des travaux publics, des ministères de la marine de
Russie, d'Autriche et du royaume d'Italie, etc., etc.

Voyons comment se sont développés les faits dont l'exposé
précède.

DEUXIÈME PARTIE

Applications de la machine de la compagnie l'Alliance.

I. — *Application à l'éclairage des phares.*

C'est en 1863 que la machine de la compagnie l'ALLIANCE
fut appliquée à l'éclairage des phares du gouvernement. L'essai en fut fait au phare de premier ordre de la Hève près du
Havre, pendant dix-huit mois consécutifs, avec un tel succès,
que le rapport de la situation de l'Empire fait par le ministre
à l'Empereur le 25 janvier 1865 contient officiellement au
Moniteur l'adoption définitive, sur la demande unanime des
marins, de l'éclairage électrique par cette machine appliquée
aux phares comme une des améliorations signalées tenant une
place marquante dans l'exercice 1864.

Si l'application n'a pas été faite depuis sur une échelle plus
large, c'est que le gouvernement, malgré les résultats obtenus,
a dû reculer devant les dépenses occasionnées par la suppression des anciens phares et la reconstruction de nouveaux, et
qu'on a considéré, dans la composition du budget, cette dépense comme n'étant pas de *première nécessité;* mais l'objection
tirée de la dépense à faire devra s'affaiblir singulièrement en
présence de la détermination que vient de prendre M. Reynaud, directeur général des phares; ce dernier, en effet, serait
plus que jamais résolu à maintenir les phares existants, et

Motifs qui ont em-
pêché l'application
sur une échelle plus
large.

Idée ingénieuse de
M. Reynaud, direc-
teur général des pha-
res.

à mettre la lumière électrique sur une simple plate-forme adaptée à ces phares, l'essai qu'il a fait de ce système ayant complétement réussi. Il est certain que cette idée, à la fois ingénieuse et destinée à produire une notable économie, va décider à une application très-large de la lumière électrique aux phares.

Avantages des phares électriques sur ceux à l'huile.

Quant aux phares nouveaux à établir, il n'y a pas à douter de la préférence qui doit être accordée aux phares électriques en raison des avantages immenses qu'ils offrent sur ceux à l'huile, d'abord par leur intensité lumineuse qui est dix fois plus forte, et ensuite parce que la lumière électrique permet de réaliser des économies considérables sur les appareils optiques.

En effet, le coût des appareils mécaniques et optiques d'un phare de premier ordre semblable à un de ceux établis au cap de la Hève est de 37,115 francs.

Encore, dans un but de sécurité et dans celui surtout de pouvoir faire une lumière double dans les temps brumeux, a-t-on cru devoir mettre dans ce phare deux machines magnéto-électriques et deux optiques; mais on pourrait, en raison de la lumière électrique produite par une seule de ces machines, n'en mettre qu'une dans de nouveaux phares électriques, et alors la dépense se trouverait réduite à 18,300 francs.

Il faut ajouter à cette dépense le prix d'une lanterne; mais pour un feu électrique son coût est peu élevé en raison de la petite dimension de l'optique.

Économie importante des phares électriques.

En comparant les dépenses des parties optiques et mécaniques d'un phare de premier ordre à l'huile avec celles d'un phare électrique il est constaté que ces deux parties coûtent, dans un phare à l'huile, de 73,000 à 80,000 fr., tandis que dans un phare électrique elles s'élèvent seulement à 18,300 fr. pour une lumière simple dix fois plus forte que celle à l'huile, et à 37,115 fr. quand on veut avoir un feu double.

Différence en moins pour la lumière électrique :

1° Dans le premier cas de 54,700 à 61,700 fr., et 2° dans le deuxième cas de 35,885 à 42,855 fr.

Ajoutons que le système des phares électriques est des plus simples dans son fonctionnement; que les machines magnéto-électriques sont inaltérables et n'exigent d'autres connaissances pratiques dans leur usage que celle de simple mécanicien sachant tenir en marche régulière une machine à vapeur; que de plus, en ce qui concerne les frais d'entretien de ces machines, ils sont à peu près nuls et qu'elles n'exigent d'autres soins que d'être tenues propres avec leurs coussinets convenablement graissés, leur partie mobile tournant entre les aimants mais sans les toucher. Il n'y a de contact que de l'axe sur les coussinets qui le portent.

Déjà de semblables phares ont été installés en Russie, en Autriche, en Suède, et partout comme pour ceux du Havre, leur fonctionnement ne laisse rien à désirer. La Belgique se proposerait de suivre leur exemple en plaçant la lumière électrique sur les bords de l'Escaut, dont les sinuosités nombreuses offrent de véritables dangers pour la navigation.

La France la fait installer en ce moment au phare de Boulogne, et il serait de plus décidé qu'on allait établir sur des points stratégiques convenablement choisis à l'entrée de nos principaux ports de la Méditerranée et de l'Océan des phares électriques munis de lunettes de nuit pour signaler l'approche des flottes ennemies et d'appareils nécessaires à la transmission des signaux entre la terre et les navires qui surveilleront les côtes.

Ce que nous avons dit de la supériorité, à tous les points de vue, des phares électriques sur les phares à l'huile, nous donne la conviction qu'à l'avenir quand il y aura des phares nouveaux à établir on ne devra pas hésiter à accorder la préférence aux phares électriques; c'est ce qui a lieu en ce moment pour l'Égypte, c'est ce qui se présentera pour le canal de Suez, et enfin pour tous les points du monde où des phares seront à créer, ce qui n'empêchera pas d'un autre côté la réalisation du système de M. Reynaud pour les phares existant actuellement.

II. — *Application à l'éclairage des navires.*

Éclairage électrique des navires. La branche d'application dont nous allons parler, celle de l'éclairage des navires, est la plus fructueuse et la plus féconde des applications de la machine magnéto-électrique de la compagnie l'ALLIANCE. Le succès en a été aussi complet que possible, et elle appartient désormais au domaine de l'histoire du progrès scientifique et industriel de notre époque. Le simple exposé des faits suffira pour faire comprendre la portée immense de cette belle découverte.

Dans le courant de l'année 1866 la compagnie générale transatlantique avait déjà, sous l'habile direction de M. Convert, son ingénieur en chef, tout disposé à bord de son grand navire *le Napoléon-III* pour employer la machine de l'ALLIANCE, lorsque ce navire ayant été refusé faute de marche suffisante l'essai ne put avoir lieu.

Installation de la lumière électrique à bord du yacht le Prince-Jérôme. Ce fut alors que le prince Napoléon voulut prendre l'initiative de cette innovation et attacher son nom à ce projet remarquable. Il donna ordre à M. Georgette Du Buisson, son aide-de-camp, qui commande le beau yacht *le Prince-Jérôme*, de ne rien négliger pour y parvenir. Une des machines de l'ALLIANCE fut installée à son bord, et afin d'en tirer le plus de parti possible, on fit construire par M. Sautter un appareil entièrement nouveau pour diriger la lumière sur l'horizon. L'idée première de cet appareil venant du commandant Du Buisson lui-même, on lui a donné son nom.

Lunette Du Buisson. La lumière que projette au loin l'appareil, au moyen de cette lunette de mer, a une intensité immense, telle qu'elle ne peut être confondue avec un phare. Ce n'est pas un feu, c'est un soleil projetant au loin une queue de lumière de plusieurs milles d'étendue et telle qu'on ne peut la comparer qu'à une queue de comète.

Succès obtenus par le yacht le Prince Jérôme. Les journaux, particulièrement ceux du Havre, dont les articles ont été répétés par plusieurs journaux de Paris, ont retenti des succès merveilleux obtenus par le prince en personne tant sur les côtes de Bretagne et de Normandie que sur celles d'Angleterre. De plus ces résultats, complétement satisfaisants, furent consignés dans un rapport fait à S. Exc. le ministre par M. de Jonquières, capitaine de vaisseau et géomètre très-éminent.

Depuis ces premiers succès, d'autres de plus en plus éclatants remportés par le yacht *le Prince-Jérôme* ont vulgarisé la lumière électrique. Citons notamment ses entrées par des nuits obscures à Gibraltar, où il reconnaît le navire charbonnier, l'accoste et fait de suite son charbon ; à Constantinople, où il entre la nuit, inondant le vieux sérail et les navires de sa lumière, et laissant derrière lui le fameux *Maroussah*, le yacht du vice-roi d'Egypte, ce chef-d'œuvre de construction navale, qu'il avait devancé de douze heures et, qui, resté en dehors, fut forcé d'attendre jusqu'au lendemain au jour pour pénétrer dans le port avec son escorte d'honneur. Plus tard encore, grâce à cette même lumière, il entrait à Malte la nuit, sans pilote. Enfin ces jours derniers nous lisons dans le *Toulonnais* ce qui suit.

Ses entrées de nuit à Gibraltar ; à Constantinople, à Malte et à Toulon.

« Le yacht *le Prince-Jérôme* a mouillé sur rade de Toulon samedi à 10 heures du soir.

« Utilisant son feu électrique, qui éclairait la route de manière à lui permettre de naviguer avec autant de sûreté qu'en plein jour, il a traversé par une nuit très-obcure, un temps couvert et pluvieux, toutes les lignes de l'escadre, et après avoir rangé avec beaucoup d'aplomb et sans la moindre hésitation les navires au mouillage, est venu s'amarrer sur son coffre en petite rade, à côté du yacht impérial *l'Aigle*.

« La hardiesse de ce mouillage ferait à elle seule la réputation du feu électrique appliqué à la navigation, si le succès de cet appareil n'était pas déjà irrévocablement assuré [1]. »

---

1. Citons encore un fait tout récent. Le dimanche soir, 28 février, en rade de Toulon, une baleinière casse ses amarres et part à la dérive emportant deux hommes avec elle. Une embarcation est lancée à sa poursuite ; mais l'obscurité et la tempête empêchent qu'elle se dirige, et elle peut se trouver également compromise. Le yacht *le*

C'est à la suite des premières expériences si décisives faites sur le yacht *le Prince-Jérôme* que M. Berlioz reçut l'invitation d'installer une machine de six disques avec un régulateur et la lunette de nuit sur la frégate cuirassée *l'Héroïne*, faisant partie de l'escadre de la Méditerranée.

Un savant et sérieux travail publié par M. Trèves, membre de la Commission de la marine, dans la livraison d'août 1868 de la *Revue maritime et coloniale*, éditée sous les auspices de S. Exc. le ministre de la marine, constate le succès obtenu par les essais qui ont eu lieu à bord de cette frégate.

« Il serait difficile, dit M. Trèves, de rencontrer dans nos annales maritimes une période plus remplie d'enseignements, plus féconde en recherches et en productions de toute nature que celle que nous parcourons.

« Parmi les différentes applications scientifiques dont les navires de guerre nous paraissent plus particulièrement appelés à être doués dans un avenir prochain, il en est quelques-unes dont l'utilité devient tellement manifeste, que sous l'empire de circonstances qu'il est toujours de bonne règle de prévoir, on en pourrait presque prédire l'adoption immédiate; nous voulons parler des applications de l'électricité ; aussi nous réservons-nous d'appeler peu à peu dans cette revue l'attention du Corps sur les innovations probables auxquelles son emploi donnera lieu.

« La première grande application de ce genre, dont la place semble déjà marquée à bord des navires amiraux, est celle de la lumière électrique. Des expériences nombreuses et habilement dirigées à bord du yacht *le Prince-Jérôme* avaient déjà permis de se rendre compte des services que ce puissant foyer de lumière pourrait rendre dans certains cas donnés, qui sont toujours les plus graves. Poursuivies avec persévérance à bord de la frégate cuirassée *l'Héroïne*, elles ont donné des résultats tels que S. Exc. l'amiral ministre en a tout récemment prescrit la continuation. »

Prince-Jérôme allume son feu électrique, et inonde l'horizon de lumière ; la baleinière est aperçue à une grande distance et sauvée.

M. Trèves rend ensuite compte de ces expériences, puis il reproduit les termes suivants de la Commission :

« L'appareil expérimenté offre un foyer de lumière très-puissant, parfaitement propre à faire des signaux de nuit ou éclairer une côte, un navire.

« On peut le considérer comme un véritable phare flottant : il sera donc très-utile à un bâtiment monté par un commandant en chef. »

Enfin il examine les divers services que peut rendre l'appareil électrique dans une guerre maritime, et il conclut son étude ainsi qu'il suit :

« Mais sera-ce là la limite d'application de ces intenses foyers lumineux qui, persistant quand il le faudra, naissant ou s'éteignant instantanément à volonté, donneront à la navigation à vapeur des gages de sécurité dont elle est encore dépourvue ? N'utilisera-t-on pas un jour ces vigoureux jets de lumière, dont la puissance d'investigation est sans égale ?

« La réponse n'est pas douteuse :

« L'entrée de nuit à Constantinople du yacht *le Prince-Jérôme*, laissant derrière lui le yacht du vice-roi d'Egypte qui n'a pu y pénétrer que le lendemain au jour, est un fait tout récent propre à fixer l'opinion.

« M. le capitaine de vaisseau Georgette Du Buisson, en s'aidant opportunément de son feu électrique, a pu, en diverses circonstances importantes, faire route là où d'autres navires étaient arrêtés par des difficultés dont il a triomphé avec un grand bonheur.

« Ces succès renferment un enseignement que les grandes compagnies qui dirigent nos lignes de paquebots auront intérêt à ne pas perdre de vue. Le jour où, éclairées par un nombre suffisant d'expériences entreprises à bord de quelques-uns de leurs navires, elles auront résolu l'adoption des feux électriques, la navigation à toute vapeur se trouvera douée d'un puissant élément de sécurité. »

Avant de dire comment s'est accomplie la prédiction de M. Trèves pour les grandes compagnies maritimes, citons encore un excellent rapport sur les appareils d'éclairage propres au service de la marine publié dans la même *Revue* le mois de novembre dernier. On doit, selon nous, attacher d'autant plus d'importance à ce rapport, qu'il ne s'agit plus seulement cette fois d'un article qui soit l'expression d'une opinion individuelle, mais bien d'une étude qui émane d'hommes d'élite et spécialement d'officiers de marine distingués et choisis par le Ministre lui-même, ce qui fait que cette étude revêt un caractère pour ainsi dire officiel et le sceau d'une autorité incontestable.

Rapport sur les appareils d'éclairage de la mer, publié également dans la Revue maritime et coloniale.

« La supériorité de ce mode d'éclairage, dit ce rapport en parlant de la lumière électrique de la compagnie l'Alliance, marquait naturellement sa place dans le service des phares ; aussi a-t-il été appliqué avec succès à ceux du cap de la Hève ; mais on conçoit qu'il puisse rendre beaucoup d'autres services dans la marine, et notamment dans la marine militaire.

« Indépendamment des ressources qu'il présente pour signaler la position des navires dans les nuits sombres et brumeuses et éviter les collisions, ressources qui en auraient déterminé l'adoption à bord du yacht *le Prince-Jérôme*, il peut servir à faciliter, dans des circonstances analogues, des opérations nautiques et militaires qui, sans cela, seraient absolument impossibles, et, par suite, constituer en faveur de ceux qui en disposeront un avantage évident.

Avantages immenses de l'appareil pour la marine militaire.

« Ainsi l'expérience aurait prouvé que, par une nuit noire, un jet de lumière provenant de l'appareil de l'Alliance et dirigé sur un navire à un mille de distance éclaire assez vivement pour que l'on puisse apercevoir nettement ses détails et ses mouvements tandis que le bâtiment d'où elle part reste pour celui-ci dans l'obscurité la plus complète à l'exception du seul point lumineux qu'il produit. On conçoit le parti qu'on pourrait tirer au profit de la marine et de l'artillerie de ces indications précises et *sans réciprocité* sur la position, les mouvements et les intentions du navire ennemi. Quand il s'agit d'éclairer un objet pour la commodité des hommes qui

On peut voir sans être vu.

doivent effectuer une opération quelconque, débarquement ou autre, au-dehors du bâtiment qui porte l'appareil, le rayon d'action de celui-ci est doublé, parce que les rayons lumineux n'ont plus alors à revenir à leur point de départ pour y porter la sensation des objets éclairés. On peut donc, tout en restant à une distance de deux milles au moins, éclairer l'entrée d'un port ou les abords d'une plage pour faciliter des mouvements d'embarcation, des débarquements de troupes, pour effectuer la reconnaissance exacte des points fortifiés dont l'approche serait jugée trop délicate pendant le jour, et même les attaquer.

Puissance énorme du rayon d'action.

Avantages qui en résultent.

« En temps de paix comme en temps de guerre, cet appareil peut être utile au commandant d'une escadre pour transmettre des ordres importants, puis pour s'assurer de leur exacte exécution. »

Utilité de l'appareil en temps de paix.

Puis, parlant des signaux, voici comment s'exprime ce rapport :

« A part les avantages énormes qu'offre cet appareil d'éviter les collisions à la mer, de faciliter dans certains cas les approches des côtes, les manœuvres de nuit sur les rades, les mouvements des embarcations, certaines opérations de guerre offensives ou défensives, on ne doit pas négliger les ressources qu'il offre pour la transmission des ordres en escadres, soit qu'on emploie des cadrans opaques pour produire des éclipses et des éclats alternatifs, soit qu'on se serve de verres coloriés, dont l'inconvénient ne se ferait pas sentir ici à cause de la grande intensité de la lumière, on ne peut avoir des signaux de nuit mieux appropriés à l'emploi de la marine militaire. »

Signaux de nuit.

Supériorité de ces signaux.

Disons-le ici, n'est-ce pas déjà l'un des principaux résultats de la réussite de ces signaux qui a été d'engager le gouvernement français à installer des phares électriques dans les cinq principaux ports de guerre, comme nous l'avons dit plus haut?

Reproduisons enfin un article récent du *Toulonnais*[1], en

---

1. Nous avons omis de dire plus haut que ce journal est le journal officieux de la préfecture maritime de Toulon.

laissant de côté les questions de détail qu'il renferme :

Appréciation par le journal *le Toulonnais* de la lumière électrique à bord des navires de guerre.

« Il a été beaucoup question, dans ces derniers temps, de l'application de l'électricité à bord des bâtiments, pour éclairer la route du navire, signaler un danger, un écueil, un navire ennemi. Pendant la campagne de l'escadre de la Méditerranée, un tel appareil a été installé à bord de l'*Héroïne* et a donné des résultats qui ont pu être appréciés.

« Les journaux des États-Unis, et à leur suite le *Moniteur*, ont rendu compte du prodigieux effet produit par le paquebot français *le Saint-Laurent* à son arrivée à New-York, où il a mouillé de nuit à l'aide d'un feu électrique installé à son bord.

« Les Américains, toujours enthousiastes de tout ce qui peut intéresser la navigation, ont parfaitement compris les immenses services que cette précieuse invention pouvait rendre à la marine de guerre et de commerce, et d'après le rapport de M. le capitaine de Bocandé, commandant du *Saint-Laurent*, nous serions exposés à être encore devancés par eux, si, grâce à l'initiative de S. Exc. M. l'amiral Rigault de Genouilly, l'escadre de la Méditerranée n'avait pas déjà fait des études sérieuses pour l'application de la lumière électrique à bord des bâtiments de la flotte française.

« D'après les renseignements que nous avons pu recueillir, une commission a été chargée d'étudier l'appareil électrique à différents points de vue : d'abord, pour la sûreté de la navigation, afin de pouvoir reconnaître un mouillage douteux ou inconnu, éclairer les approches d'une passe dangereuse, éviter des écueils et rechercher, en cas de guerre, la position exacte d'un bâtiment ou d'une escadre ennemie.

« En second lieu, d'appliquer l'appareil à un système de télégraphie de nuit pouvant transmettre les ordres les plus compliqués au moyen d'un système d'éclats successifs, qui, divisés en catégories longues et brèves, ont permis de traduire facilement toute la série des signaux de la tactique navale.

Les essais à bord de l'*Héroïne* ont réussi bien que l'installa-

« Le succès de ces expériences a été d'autant plus complet et remarquable, qu'il a été obtenu à l'aide d'un appareil installé provisoirement à bord de la frégate cuirassée *l'Héroïne*, dans des conditions très-désavantageuses ; c'était, nous l'avons dit, une simple installation provisoire, dans laquelle on aurait été obligé de tenir compte des obstacles présentés par l'arrimage et les emménagements d'un navire de guerre complétement armé. »

L'auteur de l'article indique ensuite les modifications à apporter dans l'installation de l'appareil, et, hâtons-nous de le dire, il est parfaitement d'accord avec le système présenté, à cet égard, par M. Berlioz, l'honorable directeur de la compagnie l'ALLIANCE, dans une notice des plus intéressantes qu'il a publiée dans la livraison du journal *les Mondes*, du 19 avril 1868, et qui est adressée à MM. les ingénieurs chargés de l'éclairage des phares et à MM. les capitaines de navires [1].

Puis il termine ainsi :

«Mais c'est un léger détail qui s'efface en présence de l'éclatant succès obtenu à la suite des expériences faites presque simultanément sur le *Prince-Jérôme*, le *Saint-Laurent* et l'*Héroïne*.

« C'est une utile découverte pour la navigation et un auxiliaire précieux en temps de guerre. L'inventeur s'est acquis des titres incontestables à la reconnaissance des marins, et l'appui de tous ceux qui s'intéressent au progrès de la science et à l'avenir de la marine française lui est incontestablement acquis. »

L'exemple donné par le yacht *le Prince-Jérôme* et la frégate

Installation de

---

1. Nous nous abstenons à regret de reproduire ici en entier cette notice, qui contient les renseignements les plus complets sur les applications de la machine de l'ALLIANCE tant à la marine civile qu'à la marine militaire, et qui en fait ressortir dans des termes nets et précis tous les avantages à ces deux points de vue. Le motif qui nous en empêche, c'est qu'elle est l'œuvre de M. Berlioz lui-même, et qu'elle pourrait être considérée comme étant empreinte d'un caractère de partialité et de réclame ; or, nous avons pris pour principe de ne nous appuyer, dans la rédaction de ce mémoire, que sur des documents officiels et à l'abri de toute critique.

lumière électrique à bord du Saint-Laurent de la Compagnie transatlantique.

cuirassée *l'Héroïne* n'a pas été stérile ; la Compagnie générale transatlantique, encouragée par leur succès, a eu, la première, comme grande compagnie maritime, l'heureuse idée d'inaugurer sur l'un de ses paquebots la lumière électrique ; c'est le *Saint-Laurent* qui a eu cet honneur et cet avantage ; les résultats ont été aussi complets qu'on pouvait l'espérer ; il suffit pour le constater de rappeler les faits qui, comme nous l'avons dit, appartiennent désormais à l'histoire.

C'est le 10 septembre que *le Saint-Laurent* quittait le Havre avec l'appareil de l'ALLIANCE installé à son bord, et déjà deux jours après *l'Océan*, journal de Brest, s'exprimait en ces termes :

Passage du Saint-Laurent raconté par l'Océan, journal de Brest.

« Une expérience des plus curieuses et dont le résultat doit produire des avantages immenses à la navigation transatlantique avait lieu vendredi soir, 11 septembre, de 8 à 10 heures, à bord du magnifique paquebot *le Saint-Laurent*, où il s'agissait d'apprécier la valeur de la lumière électrique comme moyen d'éviter en mer ces terribles collisions toujours si funestes aux passagers et aux armateurs.

« L'appareil, à l'aide duquel était produite cette puissante lumière, qui inondait de ses rayons les différents points de la rade, et qui a été grandement perfectionné par le directeur de la compagnie l'ALLIANCE, M. Berlioz, est à peu près le même que celui qui, pendant l'Exposition de 1867, servait au Champ de Mars à l'éclairage du phare que le gouvernement fait eu ce moment établir sur les rochers du cap Gris-nez.

« A l'aide d'une forte lentille à échelons, au foyer principal de laquelle se trouve le point lumineux produit par l'incandescence de deux baguettes en charbon de cornue, les rayons émergents formaient un faisceau qui éclairait au loin tous les points de l'horizon avec une puissance photométrique

Une bouée est vue à 1200 mètres.

équivalant à la lumière de 230 becs carcel, et qui permettait de distinguer nettement une bouée à la distance de 1,200 mètres.

« La lumière était tellement vive, que plusieurs personnes qui ont eu le bonheur d'assister, sur le cours d'Ajot, à ce ravissant spectacle, ont pu très-facilement lire un journal lorsque le foyer lumineux était dirigé sur notre belle promenade.

« Les arbres, inondés de lumière, semblaient couverts de feuilles argentées et les vastes allées du cours paraissaient resplendir comme à l'époque des plus beaux clairs de lune.

« Ce foyer lumineux, d'une intensité constante et d'un éblouissant éclat, était placé sur la passerelle du paquebot, et mis, à l'aide du fil de cuivre, en communication avec un appareil magnéto-électrique situé dans le faux-pont, à proximité des générations de vapeur.

« Sans entrer ici dans de trop longs détails sur les courants d'induction, il nous suffira de dire que l'appareil que nous avons vu fonctionner avec une si merveilleuse régularité est une modification heureuse de l'appareil de Clarke ; car M. Berlioz, afin d'éviter certains inconvénients du commutateur du physicien anglais, a trouvé le moyen de faire fonctionner sa machine sans employer le moindre frottement.

« Nous ne doutons pas que les essais qui vont s'accomplir sous l'intelligente direction du capitaine de Bocandé n'obtiennent un succès complet, et, à l'aide de ce remarquable appareil magnéto-électrique, qui ne peut manquer d'être adopté à bord des splendides paquebots de la Compagnie transatlantique, les collisions, la nuit, en pleine mer, disparaîtront à tout jamais, car la lumière des appareils Berlioz se distingue encore à 35 milles. »

L'auteur de l'article du journal *l'Océan* ne doute pas que la Compagnie transatlantique n'adopte cet appareil.

On lit, d'un autre côté, dans le journal *les Mondes*, du 17 septembre, ce qui suit :

Même récit du voyage du *Saint-Laurent* du Hâvre à Brest, raconté par le journal *Les Mondes*.

« La machine de la compagnie l'ALLIANCE était à peine installée à bord du paquebot transatlantique *le Saint-Laurent*, que déjà on procédait à quelques expériences dont on nous rend compte en ces termes :

« Dans la nuit de jeudi 10, nous avons illuminé la côte de France, lancé notre feu sur Cherbourg et sur les îles anglaises qui ont dû croire à un incendie en mer. Vendredi soir, à Brest, nous avons fait de la lumière dans la rade ; tous les bâtiments ont été reconnus. Les officiers de mer supposaient une illusion chez M. le commandant Du Buisson lorsqu'il avançait avoir vu les bouées. Eh bien ! à 1,200 mètres nous avons vu et signalé celle dont on nous parlait. M. de Bocandé est on ne peut plus satisfait ; il dit qu'il va émerveiller les Américains. Je le crois. »

Laissons le même journal raconter ce premier voyage du *Saint-Laurent* :

Arrivée et séjour du Saint-Laurent à New-York racontés par le même journal les Mondes.

« L'arrivée à New-York, dans les premiers jours d'octobre, du paquebot transatlantique *le Saint-Laurent*, éclairé par la lumière électrique de la compagnie l'ALLIANCE, a excité le plus vif enthousiasme. Sa traversée avait été éminemment heureuse et agréable ; la mer était illuminée au loin ; les navires, la terre, les bouées se voyaient à une très-grande distance ; et, si une montagne de glace avait flotté à l'horizon, elle serait apparue étincelante de clarté. M. le capitaine de Bocandé, émerveillé lui-même de son succès, disait à tous ceux qui se pressaient pour l'entendre, que, dans sa conviction profonde, l'adoption à bord des paquebots de cette lumière providentielle préviendrait à jamais des collisions. Ses rayons étincelants illuminent les ténèbres les plus profondes, pénètrent à travers les brouillards les plus épais, et révèlent la marche d'un navire en vue à une si grande distance, qu'on a largement le temps nécessaire pour changer de route, si la nécessité s'en fait sentir. Les autres avantages considérables de cette lumière, disait encore M. le capitaine de Bocandé aux New-Yorkais étonnés, sont : 1° qu'on peut éclairer de nuit, à volonté, soit l'intérieur du navire, pour y déposer des colis, soit l'intérieur de la chambre des machines, quand les réparations sont nécessaires ; soit le pont, pour embarquer le charbon ou les marchandises ; soit toute autre région du paquebot, de telle sorte que les travaux de tout genre sont aussi faciles qu'en plein jour. Lorsque le plus important est de se dépêcher et de mettre le navire prêt à partir dans le plus court délai possible la lumière électrique ne saurait être remplacée par rien. Cette lumière, enfin, qui saute presque instantanément du pont au mât de beaupré, du mât de beaupré au grand mât, du grand mât dans la coque, qui éclaire à volonté tous les points de l'horizon et montre, grâce à la lunette de nuit mouvante de M. le commandant Du Buisson, tout ce qu'on a intérêt à voir, devient en même temps la meilleure source qu'on puisse imaginer de signaux visibles et intelligibles à des distances jusque-là inabordables.

« Pendant les quelques jours que le *Saint-Laurent* est resté amarré dans le port de New-York, une foule immense est venue le visiter, et l'on comptait dans son sein un très-grand nombre d'armateurs, de directeurs de compagnies de navigation, de capitaines au cabotage ou au long cours, etc., etc. M. de Bocandé a répété devant cette foule intelligente, et qui exprimait hautement son approbation entière, toutes les expériences qui lui ont été demandées; éclairant tour à tour la côte, la rivière et la baie d'Hudson ; faisant voir les édifices ou les navires comme en plein jour, à ce point qu'on voyait distinctement, sur les visages des personnes que le faisceau rencontrait dans sa route, l'étonnement dont elles étaient saisies en se voyant subitement inondées d'une lumière dont elles n'avaient aucune idée. Et ce peuple, éminemment pratique, énumérait déjà les innombrables applications que la lumière électrique allait recevoir immédiatement aux Etats-Unis. C'était un *Go-a-head* universel! Ecoutons le *New-York Herald*, qui, avec tous les autres journaux américains, s'est fait l'écho empressé et retentissant de la grande nouvelle :

Nombreuses visites faites au Saint-Laurent en rade à New-York.

Enthousiasme des New-Yorkais.

«Comme la machine magnéto-électrique, avec tous ses accessoires, ne coûte que 4,000 dollars (20,000 fr.)[1], pour la France c'est énorme; pour l'Amérique ce n'est rien; il faut qu'on l'installe immédiatement à bord de tous les navires de l'Océan (*every Ocean steam ship*). En même temps des machines de moindre importance, et par conséquent moins chères, devront être montées sur les trains de chemin de fer, sur les bateaux à vapeur des grandes rivières, sur les jetées, etc., etc. Combien seront ainsi conjurés d'accidents graves, qui arrivent chaque jour sur nos voies ferrées, parce que les trains ne signalent pas à temps leur distance! Une douzaine de lumières semblables à celles qui

---

1. Le prix de l'appareil complet n'est réellement que de 16 à 17,000 fr.

illuminent le *Saint-Laurent*, convenablement disposées et espacées, suffiraient à éclairer tous les quais de l'immense cité. Une autre douzaine de machines, réparties avec intelligence dans son intérieur, donneraient incomparablement plus de lumière que tous les becs de gaz actuels, et seraient pour le peuple un impôt beaucoup moins onéreux. Un demi-million de dollars (2,500,000 fr.) employés à acheter des machines de la compagnie l'ALLIANCE, avec une dépense par nuit d'une centaine de francs en crayons de charbons de cornue, une somme relativement minime pour couvrir les frais de houille des petites machines à vapeur et de main d'œuvre, seraient tout ce qu'il faudrait (en ne faisant entrer en ligne de compte, comme on le voit, que l'intérêt du prix d'achat des machines) pour éclairer *a giorno* la troisième cité du monde chrétien. En résumé, dit le *New-York Herald*, la machine magnéto-électrique du *Saint-Laurent* est parfaite, la manière dont les pointes de charbon s'enflamment est si prompte et si certaine, la lumière qu'elles émettent est si brillante, si fixe et coûte si peu, qu'il doit nécessairement en résulter une révolution complète dans l'éclairage des navires, des côtes et même des grandes cités.

La lumière électrique apparaît aux New-Yorkais comme devant opérer une révolution complète dans l'éclairage des navires, des phares, des côtes et même des grandes cités.

Projet d'installer des appareils de lumière électrique sur les chemins de fer américains.

« Les New-Yorkais rêvent déjà à l'effet splendide que produiraient quatre machines françaises inondant de clarté le vaste espace de Broad-Way, depuis la batterie jusqu'à la quatorzième avenue.

« Le retour du *Saint-Laurent* a été aussi heureux que l'aller; son capitaine est plus enchanté encore de son initiative. Il est reparti depuis quelques jours, et des mesures ont été prises pour que l'appareil tout entier saute du *Saint-Laurent* sur une locomotive qui s'élancera à grande vitesse de New-York à San Francisco, à travers tout le continent américain. On parle aussi de l'achat du brevet de M. Berlioz par le gouvernement des

Projet de vente du brevet d'Amérique à la maison Blanche.

États-Unis ou la maison Blanche, et on donne comme absolument certaine la nouvelle de l'adoption de la lumière électrique à bord de deux des monitors modèles de la marine militaire des Etats-Unis. »

M. de Bocandé, dès son arrivée à New-York, avait eu soin d'annoncer que pendant son séjour en Amérique il ferait toutes les expériences qu'il jugerait propres à convaincre les marins et le public en général du gage de sécurité que la lumière électrique, cette merveilleuse lumière, apportait à tous les steamers qui, aujourd'hui, parcourent les mers dans tous les sens.

Puis il terminait ainsi :

« En réfléchissant que chaque année les steamers de toutes les nations transportent des centaines de mille de passagers, on se rendra compte de l'immense bienfait que doit apporter la lumière électrique.

« Vienne une application générale sur tous les steamers et vous verrez aussitôt les collisions disparaître ou du moins devenir très-rares, et un système de code nocturne s'établir, au moyen duquel ils pourront correspondre entre eux ou avec les côtes plus facilement et plus intelligiblement qu'en plein jour. »

A son deuxième voyage le *Saint-Laurent*, réalisant une idée ingénieuse que l'expérience de la première traversée avait suggérée à M. de Bocandé, était, en outre de l'appareil magnéto-électrique composé de la machine de l'ALLIANCE et de la lunette Du Buisson, pourvu d'une lanterne munie d'un puissant réflecteur et placée au haut du mât de misaine : son feu, mis à la place du feu blanc réglementaire, s'est projeté à une distance pour ainsi dire incommensurable, en sorte qu'à son retour de New-York le *Saint-Laurent* a pu être vu à près de 40 milles, et, de plus, à cette seconde traversée il a eu 27 heures d'avance, gagnant ainsi de la vitesse grâce à la lumière électrique.

Le *Saint-Laurent* complète l'installation de la lumière électrique à son bord en ajoutant un feu fixe au haut de son mât de misaine.

Immense portée de ce feu.

Il est vu à 40 milles.

Le *Saint-Laurent* gagne par sa vitesse 27 heures d'avance.

— Et maintenant que les faits sont acquis et connus, ainsi que le démontre d'une manière pertinente et irréfutable l'exposé qui précède, maintenant que la période d'essais est terminée, et que les résultats sont aussi satisfaisants que possible, est-il permis de douter un instant que le gouvernement français hésite à adopter officiellement la lumière électrique, et que les grandes compagnies maritimes, comme toute la navigation à vapeur, ne s'empressent pas de l'installer à bord de tous les navires? Douter, c'est nier la loi inexorable du progrès, c'est se refuser de croire à l'évidence. Nous allons le prouver en examinant successivement les considérations qui militent en faveur d'une solution affirmative tant pour l'État que pour les compagnies maritimes.

1° EN CE QUI CONCERNE L'ÉTAT OU LA MARINE MILITAIRE.

Considérations qui doivent engager la marine de l'État à adopter la lumière électrique.

Il suffit de lire attentivement le rapport publié dans la *Revue maritime et coloniale* du mois de novembre dernier, que nous avons reproduit plus haut, pour être convaincu que le gouvernement français adoptera la lumière électrique pour la flotte. En effet, hésiter à le croire ce serait oublier ces lignes inscrites dans le testament politique d'un des plus grands ministres dont s'honore notre pays, le cardinal de

Considérations générales tenant à la loi du progrès.

Richelieu. « La France est une nation essentiellement maritime, et l'étendue de ses côtes sur les mers lui donne le droit d'être une puissance de premier ordre. » Ce serait méconnaître que depuis la fin des guerres continentales la France a grandi à ce titre de puissance maritime, et qu'elle occupe avec l'Angleterre et les Etats-Unis ce premier rang auquel elle aspirait.

Or ce rang, il faut le garder, et pour cela il est indispensable de se conformer à cette loi du progrès, dont nous parlions tout à l'heure, et que chaque nation s'empresse de suivre dans l'intérêt de sa propre sécurité et de son honneur. N'est-ce pas déjà cette loi qui a opéré cette transformation radicale dans le système de nos constructions navales par l'application à peu près exclusive de la vapeur aux escadres maritimes? N'est-ce pas elle qui est cause que les puissances maritimes de second ordre n'ont pas voulu rester en arrière du mouvement général et se sont mises à demander aux puissances de premier ordre des navires blindés et armés d'après les plus récents systèmes? N'est-ce pas d'elle enfin que s'inspirant par le sentiment d'une noble émulation nos deux derniers ministres de la marine notamment, M. le marquis de Chasseloup-Laubat et S. E. l'amiral Rigault de Genouilly, ont avec une louable persévérance réalisé tant d'améliorations, à ce point que l'on peut proclamer avec vérité que si la France est encore inférieure, sous le rapport du nombre, à l'Angleterre sa puissante rivale maritime, elle la laisse loin derrière elle par la perfection de ses modèles et la force remarquable de ses bâtiments cuirassés.

Est-il possible que ce progrès s'arrête, est-il possible que le ministre qui a déjà tant fait pour la marine reste insensible à la gloire qui s'attachera à son nom en consacrant l'emploi d'une innovation qui placera la France dans un état de supériorité incontestable, tant qu'elle sera seule à s'en servir?

Que si, entrant dans la sphère des considérations politiques, on nous demande pourquoi il serait urgent que la France adoptât une amélioration comme celle que nous signalons, nous répondrons que la France doit se maintenir à la tête des nations de l'Europe, et, pour cela, être prête à faire face à toutes les éventualités; que ce n'est pas en ce moment où la Russie a presque reconstruit une flotte nouvelle, où la Prusse, dévorée d'ambition maritime, organise les forces de l'Allemagne du Nord et les siennes propres, où l'Italie, malgré l'état précaire de ses finances, complète ses escadres et arme ses ports, que la France doit abdiquer ce premier rang dans le monde.

Qu'on suppose en effet, qu'une conflagration vienne à éclater en Europe, il est probable que la marine serait appelée à jouer un rôle considérable et peut-être décisif : alors nos escadres, armées du feu électrique, auraient bientôt incendié les ports et les marines ennemis, et la guerre maritime ne serait pas de longue durée.

Car, il faut bien le reconnaître, la lumière électrique est une arme nouvelle, comme le fusil prussien en était une dans la dernière guerre d'Allemagne, et, qu'on n'en doute pas, la victoire appartiendra à la nation qui aura le privilége de la posséder. Cette lumière sera le fusil Chassepot de la marine.

Enfin, qu'on n'objecte pas la question de dépense, elle est peu importante ici en raison des résultats à obtenir; et d'ailleurs la France, surtout dans les circonstances actuelles, n'a-t-elle pas le droit de faire des sacrifices à sa propre grandeur et à ses intérêts en ne perdant pas de vue surtout que ces sacrifices contribueraient au maintien de la paix générale?

2° A L'ÉGARD DE LA MARINE CIVILE ET DES COMPAGNIES MARITIMES.

Considérations qui doivent engager la marine civile à adopter la même lumière. Quatre considérations principales doivent engager les compagnies maritimes à adopter la lumière électrique : 1° la sécurité ; 2° la vitesse ; 3° la concurrence ; 4° la diminution de la prime d'assurances.

1° sécurité.
2° vitesse. Les deux premières n'ont pas besoin de commentaires; leur conséquence logique est d'attirer un plus grand nombre de passagers et d'augmenter ainsi les bénéfices des compagnies.

3° concurrence. La troisième se comprend également; si une compagnie adopte la lumière électrique et que la compagnie rivale ne l'emploie pas, cette dernière sera dans un état d'infériorité qui ne lui permettra pas de supporter la concurrence que lui fera la première.

4° diminution de la prime d'assurance. Mais la considération qui domine les autres et qui doit faire triompher partout la lumière électrique, c'est celle de la diminution de la prime d'assurance. Il est impossible que le risque principal cessant par le bienfait de cette lumière, c'est-à-dire les collisions, la prime d'assurance ne subisse pas une notable diminution. Selon nous, cette réduction doit être bien supérieure au prix de l'appareil de l'ALLIANCE, et alors au lieu de faire une dépense en achetant cet appareil les

compagnies maritimes et toute la navigation à vapeur réali-
seront une économie importante.

Et qu'on ne vienne pas dire que les collisions sont rares ; les journaux malheureusement nous apportent trop souvent le triste récit de ces affreux désastres ; il y a quelques mois à peine le *Daily-News* racontait l'explosion terrible qui a suivi la rencontre du steamer postal *the United-States* se rendant de Cincinnati à Louisville à toute vapeur avec le steamer *America* qui se rendait à Cincinnati. On n'a pas oublié non plus l'abordage du *Warrior* et du *Royal-Oak* et celui de la *Péninsular and Oriental Company*. Enfin, le sinistre du *Prince-Pierre* de la compagnie Valéry si fatalement abordé dans le golfe Juan par l'aviso à vapeur *le Latouche-Tréville* dans la nuit du 16 au 17 février 1869 est encore présent à tous les esprits. Tous ces faits sont les commentaires les plus décisifs en faveur de la lumière électrique [1].

Fréquence des collisions.

D'après les renseignements que nous avons pu recueillir auprès des compagnies d'assurances maritimes, nous croyons pouvoir annoncer que la diminution de la prime est admise en principe pour les navires qui seront munis de la lumière électrique, mais nous ignorons encore dans quelle proportion elle aura lieu. Et, en supposant même, et c'est le moins qu'on puisse admettre, qu'elle ne soit qu'égale au coût de l'appareil, les compagnies auraient, on le conçoit, encore un intérêt évident à s'en servir.

La diminution de la prime d'assurance est admise déjà en principe par les compagnies d'assurances.

1. Mentionnons ce fait capital que surtout depuis la collision du golfe Juan la question de la transformation radicale de l'éclairage ou plutôt des feux réglementaires des navires est à l'ordre du jour. On serait unanime sur ce point que l'insuffisance du mode actuel de cet éclairage est la cause principale des collisions, et qu'il n'y a pas à hésiter à mettre en première ligne la lumière électrique comme devant le remplacer ; de plus, comme il a été reconnu que l'usage de l'appareil de la compagnie l'ALLIANCE était très-pratique, et que cette lumière, loin d'être coûteuse, permettait de réaliser d'importantes économies de temps, d'argent, de combustible et de prime d'assurance, l'adoption en serait immédiate.

Cette solution n'est-elle pas déjà la conséquence logique et inévitable des faits que nous avons exposés?...

Si l'on joint à une considération semblable celle du temps qu'on gagnera par l'augmentation de vitesse et par la facilité avec laquelle on fera escale aussi bien la nuit que le jour dans tous les divers points dont les entrées sont difficiles, de la diminution énorme de combustible qui en résultera, et de l'économie considérable qui en sera la conséquence, sans compter tant d'autres avantages qu'il est inutile d'énumérer, parce que chacun les connaît et les apprécie, il est impossible de ne pas reconnaître qu'il n'y aura pas un seul steamer qui ne s'empresse d'installer le feu électrique à son bord.

Et la marine à voiles elle-même n'aura-t-elle pas intérêt à suivre l'exemple de celle à vapeur?

Nous reproduisons ici au sujet de la question de la réduction de la prime d'assurance, dont nous venons de parler, un article qui a paru dans la livraison du journal *les Mondes* du 18 février 1869 ; il a pour titre l'*Éclairage électrique à bord des navires et les compagnies d'assurance.*

Il est ainsi conçu :

« Le succès de l'éclairage des navires par la lumière électrique est constaté d'une manière irrévocable.

« Les expériences faites successivement à bord du yacht *le Prince-Jérôme,* de la frégate cuirassée *l'Héroïne* et du paquebot *le Saint-Laurent* de la Compagnie générale transatlantique ont été aussi décisives et aussi concluantes que possible, à ce point que M. de Bocandé, commandant du *Saint-Laurent,* n'a pas hésité à dire que les navires ne pouvaient plus se passer de cette lumière.

« La *Presse,* la *Revue maritime et coloniale,* presque tous les journaux politiques et scientifiques ont été unanimes à déclarer que la lumière électrique était à la veille de se naturaliser sur les bâtiments de toutes les nations.

« L'usage de l'appareil magnéto-électrique de la compagnie l'ALLIANCE a été reconnu aussi pratique que celui de la machine à vapeur.

« Maintenant que tous ces faits sont incontestablement établis nous croyons devoir appeler l'attention de MM. les directeurs des compagnies maritimes et de MM. les armateurs sur un point important qui se rattache à cet éclairage.

«Nous voulons parler de la réduction de la prime d'assurance.

«Grâce à l'emploi de la lumière électrique les collisions deviennent désormais impossibles, elles seront du moins excessivement rares et pour ainsi dire nulles, les navires qui en sont munis pouvant être vus de 35 à 40 milles en mer.

« Or, ces collisions sont un des principaux éléments de la prime d'assurance, et, pour les compagnies qui ont adopté le mode qui consiste à faire assurer tous les risques sans exception, comme pour celles qui n'assurent que certains risques spécialement déterminés, comme les collisions, il y a lieu à une réduction considérable de cette prime. En effet, dans le premier cas, il ne serait pas juste de payer la même prime quand ce risque disparaît complétement, ou du moins tombe en quelque sorte à zéro. Dans le second cas, ou les compagnies maritimes prendront une mesure radicale, celle de ne pas faire assurer du tout le risque des collisions, alors, et tout naturellement, elles n'auront plus rien à payer à ce sujet, ou bien, si elles le font assurer spécialement, elles devront obtenir une diminution sur le prix qui s'applique aujourd'hui à l'assurance de ce risque, lequel n'existera, comme nous venons de le faire remarquer, pour ainsi dire plus, ou du moins sera affaibli d'une manière extrêmement sensible.

« Le résultat sera donc que l'achat de l'appareil magnétoélectrique, au lieu d'être une cause de dépense pour les compagnies maritimes, sera pour elles la source d'une notable économie, tout en leur procurant les bienfaits inappréciables de la lumière électrique, bienfaits qui sont notamment de leur permettre de faire escale la nuit comme le jour dans tous les divers points dont les entrées sont difficiles, d'aller partout sans aucun danger aussi bien la nuit que le jour, de faire les embarquements et débarquements de passagers et de marchandises la nuit, etc., etc.; de là pour elles une grande économie de temps et par conséquent d'argent; de là surtout un élément de sécurité et de vitesse, qui leur attirera un plus grand nombre de passagers et augmentera leurs bénéfices!... »

III. — *Application à la télégraphie.*

Dans son ouvrage des *Eclairages modernes*, l'abbé Moigno disait encore :

M. Buchotte, de Metz, fait la première application de la machine de l'ALLIANCE, à la télégraphie.

« Enfin ces mêmes machines de la compagnie l'ALLIANCE, dont l'avenir est désormais assuré, et sera, nous l'espérons, brillant, ont été appliquées avec bonheur à la transmission des dépêches télégraphiques. L'idée et la réussite de cet essai appartiennent à M. Emile Bouchotte, de Metz, physicien amateur très-distingué. Il a opéré d'abord avec une petite machine à un seul disque de huit bobines, et d'un seul bond il a atteint le but. Il est aujourd'hui démontré que le courant non redressé de cette machine élémentaire fait produire à l'appareil de Morse des signaux très-distincts, très-visibles, à la distance de 500 kilomètres, et que ce même courant redressé est efficace à des distances de 1,200 kilomètres.

Après les expériences faites à Metz par M. Bouchotte, d'autres ont eu lieu à Paris pour la télégraphie civile au ministère de l'intérieur; des essais ont été également faits au camp de Châlons, et partout la supériorité incontestable de l'appareil de l'ALLIANCE sur la pile a été démontrée au point qu'on a été

Succès tant pour la télégraphie civile que pour la télégraphie de l'armée.

amené à dire qu'on ne pourrait plus se passer de cet appareil pour la transmission des dépêches sur les lignes d'une grande étendue.

En ce moment la machine de l'ALLIANCE continue à être essayée avec succès au ministère de l'intérieur, et l'adoption n'est pas douteuse.

A l'égard de la télégraphie militaire, M. Louis Figuier, le savant auteur de l'*Année scientifique et industrielle*, en rendant compte, dans sa revue hebdomadaire du journal *la Presse* du 1er février 1869, d'un travail spécial qui a été publié sur cette matière par M. Théodore Fix, capitaine d'état-major, qui a été chargé, en 1868, de diriger les expériences de télégraphie du camp de Châlons, s'exprime ainsi :

« Les générateurs de l'électricité employés dans la télégraphie ordinaire sont les piles voltaïques et liquides. Mais ces piles, qui impliquent l'usage d'acides ou de dissolutions salines, sont d'un usage peu commode au milieu du transport d'une armée en campagne, où les chocs et les cahots de toutes sortes se répètent à chaque instant. La télégraphie militaire préfère, avec raison, aux piles à liquides, les générateurs d'électricité empruntés à l'électro-magnétisme, c'est-à-dire les machines d'induction. Rien de plus simple et de plus commode que ces générateurs d'électricité ; aussi l'appareil magnéto-électrique a-t-il été généralement adopté au lieu de la pile dans la télégraphie militaire. »

IV. — *Application à la galvanoplastie.*

La machine de l'ALLIANCE, servant à tous les usages physiques et mécaniques auxquels s'applique l'électricité, a pu s'employer pour remplacer la pile dans les opérations de la dorure et de l'argenture électro-chimiques, et en général pour toutes les précipitations de métaux par voie galvanique.

Succès des expériences faites pour la galvanoplastie.

Les essais faits ont produit d'excellents résultats ; déjà les machines de petite dimension avaient pu recevoir leur application pour le galvanoplaste, qui ne fait que des médailles et objets légers, et pour lequel suffit parfaitement le dépôt qu'elles fournissent ; on est arrivé depuis, au moyen de machines plus puissantes, à produire des effets assez intenses pour satisfaire les galvanoplastes auxquels il faut, comme à Christofle, un dépôt plus fort et plus rapide.

Des expériences parfaitement réussies font même espérer qu'elles finiront par être employées pour tous les grands travaux de galvanoplastie.

On peut considérer ce succès comme d'autant plus précieux que cet appareil permet de réaliser un bénéfice énorme pour les galvanoplastes, en sorte que l'usage s'en généralisera très-promptement.

V. — *Application à la photographie.*

C'est M. Garnier, photographe très-distingué, grande médaille de l'Exposition de 1867, qui s'est servi le premier de la grande machine à six disques de l'ALLIANCE. Elle lui a rendu les plus grands services, les résultats obtenus ayant réalisé les espérances qu'on avait pu concevoir; aussi MM. Goupil et Ce en ont-ils acheté une de même puissance pour leur atelier photographique; d'autres photographes ont suivi leur exemple, et cette branche d'application est aujourd'hui en pleine voie de production.

VI. — *Application à l'éclairage des gares de marchandises des chemins de fer et des tunnels.*

En 1867, MM. Jacquemin, Sauvage et Guebhard, ingénieurs de la compagnie des chemins de fer de l'Est, ont organisé dans les gares de l'Est, à l'aide de la machine de la compagnie l'ALLIANCE, des expériences de lumière électrique, dont le succès a été complet; plusieurs grands journaux de Paris en ont parlé, et M. Guebhard lui-même en a rendu compte dans un intéressant travail qu'il a publié alors, et dans lequel il rend l'hommage le plus grand à la machine de l'ALLIANCE.

Dans ce même ouvrage il expose son système d'éclairage des tunnels; ce système est à la fois extrêmement simple et ingénieux, et le succès n'en est pas plus douteux que celui des gares.

Si l'application ne s'est pas faite encore, cela tient aux ménagements que les compagnies de chemins de fer ont à garder les unes envers les autres; chacune d'elles recule devant les dépenses d'amélioration; mais un moment arrive où il faut bien obéir à cette loi du progrès, dont nous avons parlé plus haut; et d'ailleurs l'intérêt bien entendu des compagnies de chemins de fer les excitera à l'adoption de cette lumière, qui compense et au delà les frais que son installation occasionne par la diminution sensible des pertes et des accidents, dont l'insuffisance d'éclairage est le plus souvent l'unique cause.

L'abbé Moigno s'exprime ainsi qu'il suit au sujet de cette application :

« Le succès n'en est plus douteux, nous oserons même dire qu'admis en principe par l'administration des chemins de fer de l'Est, l'éclairage électrique deviendra une nécessité pour toutes les grandes gares de voyageurs et de marchandises. »

Disons-le à l'appui de cette assertion, les Américains, essentiellement pratiques et plus prompts que nous dans l'application des découvertes nouvelles, ne parlent-ils pas déjà d'installer une machine de l'ALLIANCE sur chacun des trains de leurs chemins de fer, afin de lui faire projeter au loin son puissant rayon lumineux et de parer ainsi aux accidents qui arrivent constamment sur leurs voies ferrées !

VII. — *Application à l'éclairage des mines et des ardoisières.*

L'application de la machine de l'ALLIANCE a été faite avec un très-grand succès à l'éclairage des ardoisières d'Angers. M. Larrivière, directeur de ces ardoisières, aurait pris récemment encore, au siége de la Compagnie, des renseignements en vue d'une commande de machines pour l'éclairage de ces mines, ce qui donne lieu de croire que, si elle n'est pas immédiate, elle ne se fera pas attendre longtemps, et une fois l'élan donné, les autres compagnies de mines devront inévitablement le suivre.

VIII. — *Application aux éclairages sous-marins, à la pêche.*

On emploie également avec succès la lumière électrique pour l'éclairage dans l'eau et pour sonder ces abîmes sans fond où la vue de l'homme ne peut pénétrer, pour les travaux sous-marins, notamment pour les constructions des ports et des jetées. M. Guebhard, dans son étude remarquable que nous avons citée au sujet de l'éclairage des chemins de fer, s'étend longuement sur cette branche d'application et sur tout le parti qu'on peut en tirer.

De plus, cette lumière éclairant dans l'eau à une grande profondeur et avec une vivacité telle, que les poissons de toute espèce et de toute grosseur affluent autour d'elle, on s'en sert pour la pêche avec un très-grand avantage. Aussi n'y a-t-il pas à douter que des compagnies importantes ne se forment dans nos principaux ports de pêche pour cette exploitation sur une large échelle?

IX. — *Application aux orgues électriques.*

Orgues électriques. Les journaux ont rendu compte de l'inauguration faite avec tant d'éclat il y a quelques mois du grand orgue électrique de l'église Saint-Augustin.

Dans cet orgue on a essayé de remplacer la pile par deux petites machines de l'ALLIANCE, et cet essai a parfaitement réussi ; l'orgue a fonctionné avec une extrême douceur, et la Commission d'examen, composée notamment de MM. Dumas, baron Séguier et du Moncel, a été entièrement favorable à ce système ; aussi a-t-on considéré cette innovation comme marquant une ère nouvelle dans l'histoire des progrès de la facture d'orgues.

X. — *Application à la dissolution des sels et des métaux.*

Dissolution des sels et des métaux. La machine de la compagnie l'ALLIANCE a été encore appliquée, dans plusieurs raffineries de sucre du Pas-de-Calais, à la dissolution des sels.

Les résultats obtenus ne laissent plus de doute sur le succès que l'expérience aura bientôt confirmé. On espère aussi en faire l'application à la dissolution des métaux.

XI.— *Diverses autres applications.*

Il a été question, au moment de l'Exposition universelle de 1867, d'appliquer la machine de l'ALLIANCE à de grands travaux de nuit jugés nécessaires pour accélérer les travaux de cette Exposition ; et déjà des pourparlers avaient eu lieu, et une ou plusieurs machines devaient être louées à un prix largement rémunérateur, quand il a été reconnu que ces travaux n'étaient plus aussi urgents, sans quoi cette application se serait faite avec un avantage important pour la Compagnie.

Pour l'éclairage des grandes places publiques, il suffit de se servir d'un globe de cristal non dépoli, mais émaillé ; on arrive, au moyen de ce globe, à concentrer la puissance immense du rayon lumineux, et la lumière se trouve aussi régulièrement répandue que celle d'une lampe carcel ou d'un bec de gaz, élevée à une puissance considérable suivant la force de l'appareil ; c'est au moyen de ce globe que le *Saint-Laurent* éclaire la salle de ses machines de manière à pouvoir les réparer aussi bien la nuit que le jour. Cette application est donc facile.

Déjà la machine de l'ALLIANCE a été appliquée à la Havane pour l'éclairage de nuit d'une très-grande usine et de très-grands ateliers.

Dans le cabinet de physique du Conservatoire des Arts-et-Métiers, une petite machine sert pour les démonstrations scientifiques ; il est évident que l'usage va en devenir indispensable à tous les cabinets de physique sans exception.

Enfin il existe une foule d'autres applications que la Compagnie n'a pu expérimenter jusqu'à présent, parce que sa situation financière ne le lui a pas permis ; mais il est certain que si elle était en position de le faire, ce qui ne peut tarder au point où elle est arrivée aujourd'hui, cette belle découverte aurait déjà reçu un développement considérable, et que pour toutes les applications, en général, dont elle est susceptible, elle sortirait des régions de la science pure pour passer dans le domaine de la pratique.

TROISIÈME PARTIE

Brevet d'Amérique.

Valeur considérable de ce brevet. La compagnie l'ALLIANCE a obtenu, au commencement de l'année 1867, un brevet aux Etats-Unis, chose très-difficile, parce que le gouvernement américain, garantissant les brevets pour dix-sept ans, n'en accorde qu'avec la plus grande réserve et après une étude très-approfondie de la valeur des inventions.

Il est inutile de s'appesantir sur la valeur énorme que possède ce brevet et qu'on peut raisonnablement lui attribuer. Il suffit, pour s'en rendre compte, de considérer que les Etats-Unis sont placés au rang des puissances maritimes de premier ordre ; que leurs grands fleuves sont sillonnés de milliers de navires ; que la navigation de ces fleuves présente de véritables dangers que la lumière électrique permettra d'éviter ; que cette lumière leur donnera, ainsi que nous l'avons dit, non-seulement sécurité, mais encore vitesse, et que, pour les Américains surtout, le temps est l'argent (*time is money*) ; que, de plus, de nombreux chemins de fer parcourent l'Amérique dans tous les sens, et que ces chemins de fer n'étant pas comme les nôtres protégés par des barrières, il en résulte des accidents continuels, auxquels la lumière électrique viendra encore parer, etc., etc. Déjà donc, en se bornant même à ces deux applications de la machine de l'ALLIANCE, éclairage des navires, éclairage des chemins de fer, dont le succès est aujourd'hui établi d'une manière incontestable, et laissant de côté les autres emplois de cette machine, dont l'un surtout, celui de la télégraphie, peut être appelé à jouer un rôle considérable aux Etats-Unis, on se figure aisément quelle source inépuisable de bénéfices offre l'exploitation de ce brevet.

Soit que la Compagnie fasse elle-même cette exploitation en se servant de représentants et d'agents, comme ceux qu'elle a investis de sa confiance, soit qu'elle vende ce brevet à forfait à une compagnie, à un particulier ou au gouvernement américain lui-même, soit qu'elle le mette comme apport dans une société qui le lui paiera partie en or et partie en actions, on conçoit que le résultat pour elle ne peut, en même temps qu'il sera extrêmement fructueux, que présenter des avantages immenses pour le développement de l'application de son appareil et sa vulgarisation.

Tenir ce langage, ce n'est pas se faire illusion, c'est tirer des faits accomplis la conséquence logique qui en découle d'une manière irrésistible ; le monde entier connaît maintenant les éclatants succès obtenus par la lumière électrique à bord des navires, et ce serait refuser de croire à l'évidence que de ne pas reconnaître avec nous qu'avant peu cette lumière brillera dans tous les ports de l'univers.

Aussi sommes-nous d'avis que la compagnie l'ALLIANCE ne doit pas se hâter de vendre ce brevet, à moins qu'elle n'en trouve un prix en rapport avec sa valeur ; car nous avons la conviction que plus ses succès grandiront, plus cette valeur augmentera. Ajoutons que nous donnerions la préférence au mode de négociation qui consisterait à vendre à une société partie en or et partie en actions, en se conservant le droit de construire les machines, afin de monopoliser en quelque sorte cette construction en France, dans l'établissement où est le siége de la Compagnie, et qui serait le point d'où partiraient les appareils magnéto-électriques qui seront destinés à éclairer toutes les mers.

En suivant ce système et en réalisant cette idée, on détruirait d'avance toute concurrence, et on assurerait à la compagnie l'ALLIANCE une durée pour ainsi dire illimitée.

Enfin la Compagnie a pris encore, tant en France qu'en Angleterre, un brevet pour la lunette Du Buisson, dont nous avons parlé plus haut. Elle se propose de le prendre partout où ses intérêts l'exigeront.

QUATRIÈME ET DERNIÈRE PARTIE.

Résumé.

En résumé, la machine *magnéto-électrique* de la compagnie l'ALLIANCE a atteint un degré de perfectionnement aussi complet que possible. Remplaçant la pile, d'une manière décisive, à peu près dans tous les emplois auxquels elle est propre, et lui étant incontestablement supérieure, elle est arrivée comme succès moral dans la plupart de ces applications à l'apogée. — Ses principales branches, l'éclairage des phares, l'éclairage des navires, la galvanoplastie sont en pleine voie d'application pratique ; il en est de même de la photographie ; la télégraphie ne peut tarder ; les chemins de fer devront suivre, et inévitablement et successivement tous les autres emplois.

Mais n'eût-elle que son application à la mer, tant à la marine militaire qu'à la marine civile et marchande et aux compagnies maritimes, elle posséderait une source de produits et de bénéfices pour ainsi dire inépuisable ; car elle y trouve principalement un privilége énorme, celui de pouvoir, pour ainsi dire, s'universaliser, et étendre son domaine dans le monde entier. Par elle, le rôle qu'elle est appelée à jouer doit être aussi immense que la sphère qu'elle peut embrasser est vaste. De plus, le succès, aujourd'hui irrévocablement constaté, auquel est parvenu cette branche d'application, va lui constituer une puissance financière qui lui permettra de donner à toutes les autres le développement qu'elles comportent.

Si jusqu'à présent elle n'a marché qu'avec lenteur, cela s'explique par sa nature même, par les obstacles qu'elle a dû rencontrer dans sa route à cause de son caractère de nouveauté, et aussi parce que, comme l'a dit avec raison M. Dumas, « il existe dans tout ce qui tient à l'électricité quelque chose de mystérieux et d'effrayant, qui arrête et paralyse même les esprits les plus hardis et les conceptions les mieux organisées. » Qu'on n'oublie pas aussi qu'en France surtout le progrès est lent à se réaliser ; qu'on témoigne, en général, une certaine répugnance en face de toute innovation ; qu'il est difficile de rompre des habitudes, et que les personnes même les mieux disposées, pourvu qu'on leur présente une œuvre complétement achevée, un travail tout fait, ne reculent pas, mais souvent n'aiment pas à étudier les innovations, même quand elles sont des améliorations.

Il faut remarquer, de plus, que la plupart des applications de l'appareil de la compagnie l'ALLIANCE, s'adressent particulièrement aux gouvernements et aux compagnies, avec lesquels il y a lieu de tenir compte des questions de budget et de dividendes, et à l'égard desquels aussi il était nécessaire d'éviter les froissements en témoignant trop d'ardeur et en ne gardant pas une sage et prudente réserve. L'essentiel ici c'était que l'élan fût donné, ce qui va se produire incessamment ; tout ensuite ne peut que marcher vite, et cette affaire doit avec le temps et par la force même des choses devenir une grande et magnifique opération.

Signalons en terminant une considération qui milite en faveur de cette entreprise, et dont on saisira aisément l'importance pratique; c'est que la guerre, dont les conséquences sont en général si funestes aux industries (si malheureusement elle venait à éclater) ne pourrait nuire à la compagnie l'ALLIANCE, et serait plutôt pour elle une source de produit au point de vue de la marine militaire; car, alors, chaque nation s'empresserait de s'armer de son appareil pour ne pas pas rester dans un état d'infériorité qui pourrait causer sa ruine !...

PARIS — IMPRIMÉ CHEZ JULES BONAVENTURE, QUAI DES GRANDS-AUGUSTINS, 55

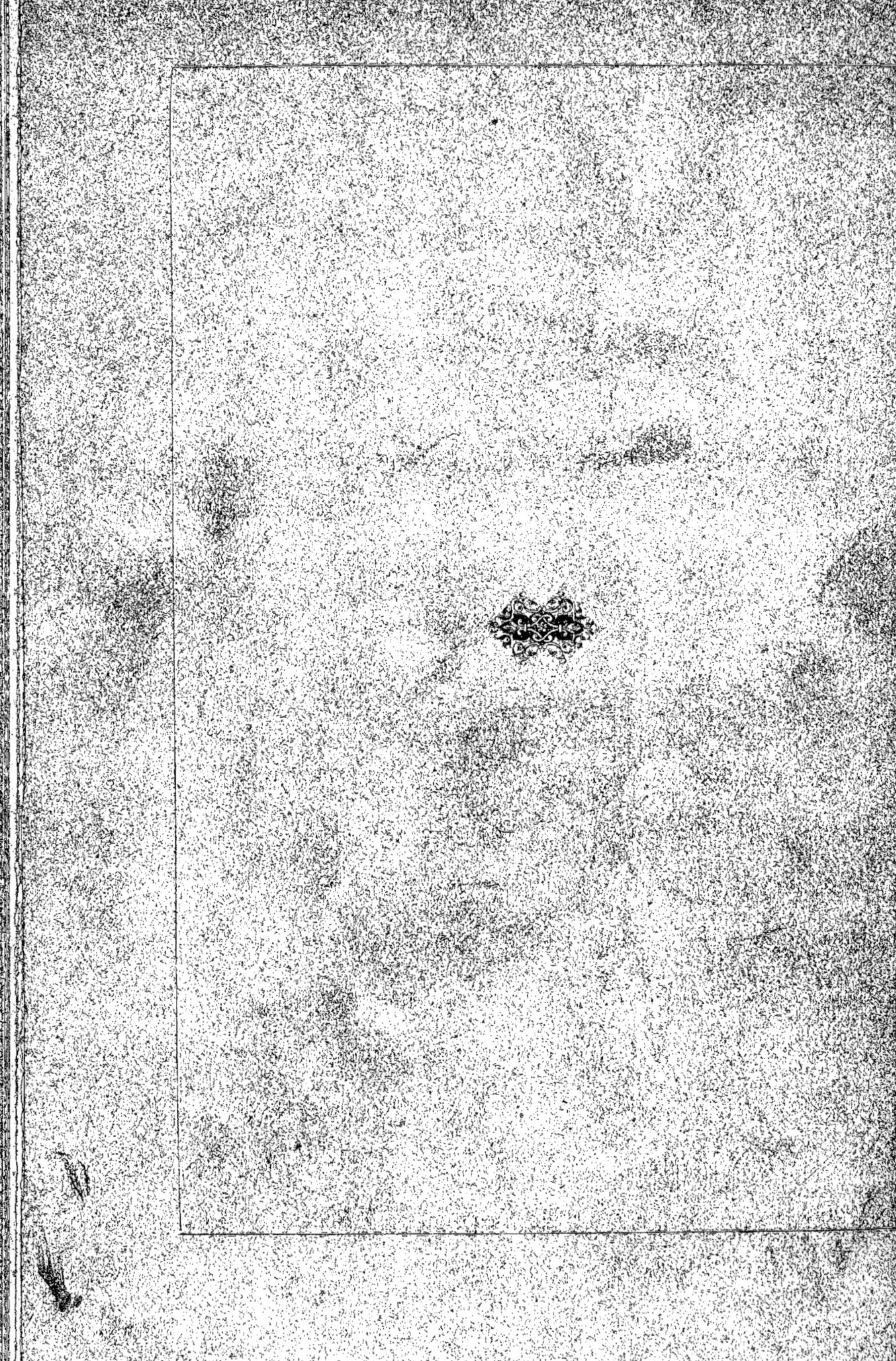

www.ingramcontent.com/pod-product-compliance
Ingram Content Group UK Ltd.
Pitfield, Milton Keynes, MK11 3LW, UK
UKHW020049100726
13658UKWH00004B/1654